JN254695

アクアリウム☆飼い方上手になれる!

メダカ

飼育の仕方、環境、殖やし方、病気のことがすぐわかる!

著・佐々木浩之

誠文堂新光社

始めよう！
メダカ暮らし

MEDAKA Gallery

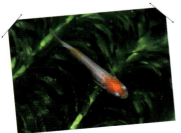

MEDAKA Gallery

MEDAKA Gallery

はじめに

　メダカは日本人にとって一番馴染みがある魚、といっても
過言ではないほど、親しまれている魚です。実際、小学校な
どで昔飼育していた、という方も多いのではないでしょうか。
それはメダカが昔から小川や田んぼといった人の生活の場に
近いところで棲息する魚であったために、江戸期の浮世絵な
どでもすでに金魚と一緒に売られている姿が描かれるなど、
観賞魚として、古くから飼育されていたことも影響していま
す。実際、全国各地に伝わるメダカの別名は5000 以上にも
上るといわれ、こんな魚であったために、江戸期の浮世絵な
どでもすでに金魚と一緒に売られている姿が描かれるなど、

観賞魚として、古くから飼育されていました。全国各地に伝わる、メダカの別名は5000以上にも上るといわれ、小さな魚なのに、はるか昔から、飼育し、観察されてきたことがうかがえます。

　本書ではこの魅力あふれる小さな魚の飼育について、できるだけ初心者でもわかりやすいようにいろいろな角度からスポットを当てています。近年では単に飼育するだけでなく、新しい品種を作出する、といった壮大なロマンを持って飼育する方も増えてきました。ぜひこの機会にメダカ飼育の楽しさに触れてみてください。

Medaka Gallery

Chapter 1

メダカってどんな魚なの？

まずはメダカの生態や分類、体の仕組みなどから見ていきましょう。

野生のメダカ

実は2種類の メダカがいる

　日本で一般的に野生のメダカと呼ばれている魚にはキタノメダカとミナミメダカの2種類がいます。以前は同一種として扱われていましたが、研究が進み、近年になって2種に分けられました。2種の見た目はよく似ていますが、キタノメダカはミナミメダカと比べると体側後半に黒い網目状の模様があり、オスの背ビレの欠けが浅く、軟条の長さの半分以下とされています。キタノメダカが本州の日本海側と東北・北陸地方、ミナミメダカが本州の太平洋側、中国地方、四国、九州、南西諸島の淡水及び汽水域に生息しています。ただ、生息環境の問題などから、年々その数は減ってきていて、野生のメダカはレッドデータブックにも絶滅危惧種として記載されています。

　この2種のメダカはどちらも分類上はダツ目という大きなグループに属していて、これは海水魚のサヨリやトビウオなども含まれているグループです。学名にある、Oryziasとは稲の周りにいる、といった意味で、昔から田んぼや小川、水路などで動物プランクトンなどを食べて生息をしています。古くから観賞魚としても親しまれていて、地方によりさまざ

まな別名（方言）が残っていることから
も、非常に人の暮らしの身近なところに
いたことがうかがえます。江戸時代には
シーボルトによってヨーロッパにも紹介
されました。

　ちなみにペットショップなどで売られ
ている白メダカやヒメダカといったカラ
フルなメダカは野生のメダカを人為的に
改良して作られたメダカで、野生のメダ
カではありません。

メダカの分類

ダツ目	アドリアニクチス科	メダカ亜科	メダカ属	ミナミメダカ（*Oryzias latipes*）
				キタノメダカ（*Oryzias sakaizumii*）

ミナミメダカ

キタノメダカ

自然下でのメダカの生活環

　野生のメダカは、春から夏にかけて、一度に10個程度の卵を数回産みます。卵は10日ほどで孵化し、稚魚が誕生します。そして、孵化した稚魚は夏から秋にかけて成長し、冬の間は水草の陰などでじっとして過ごし、翌年の春、卵を産む、という流れで生活しています。メダカの生活環は、ちょうど稲作の流れ、春に田植えをし、秋に刈入れをするサイクルと同じような流れで生活環が回っているのです。自然下では寿命は1年程度といわれますが、中には2、3年程度生きるものもいます。

メダカの生活環

春　産卵、稚魚の誕生

稚魚から成魚へ　夏〜秋

卵

稚魚

冬　休眠

野生種と改良品種

　野生色のメダカは、イワシやサンマなどのように背中が黒っぽく、腹側が銀色の地味な体色をしています。ペットショップなどで黒メダカなどの名前で売られていることもあります。ペットショップや専門店で売られているメダカには、こうした黒っぽいメダカ以外に、白や赤、青など美しくカラフルなものもいます。これらのメダカは突然変異などで出てきた特殊な体色や身体的な特徴を持つメダカを選択交配することで、その形質を固定化させた改良品種のメダカです。

　ヒメダカと呼ばれる黄色味の強い体色をもつメダカは昔から親しまれてきましたが、近年になって、さまざまな体色や身体的な特徴を持つ品種が作り出されるようになり、専門店などでは数えきれないほどの品種が並ぶようになりました。

　また、遺伝のパターンを掴みさえすれば、自分でいろいろな品種をブリーディングすることも可能なので、単にメダカを飼育するだけでなく、新しい品種の作出を目指す、といった楽しみ方をする人も増えています。ただ、気を付けなければいけないのが、こうした改良品種はあくまでも人為的に作出された魚です。繁殖能力はあるので、自然の中に放してしまうと、野生のメダカと交雑してしまう可能性があるのです。そうなると、野生のメダカがいなくなってしまうことも考えられます。ですから、あくまでも楽しむ場合には、水槽などの中だけにとどめ、絶対に放流などは行わないようにする必要があります。

メダカの体のつくり

背ビレ

尾ビレ

尻ビレ

オスとメスの見分け方

背ビレ　　　　　　　　　　　　　　　　　　　　　尻ビレ

オス

メス

オス

メス

オスは背ビレに切れ込みがあり、尻ビレが長く伸びます。
メスはオスと比べヒレは短めで背ビレの切れ込みはありません。

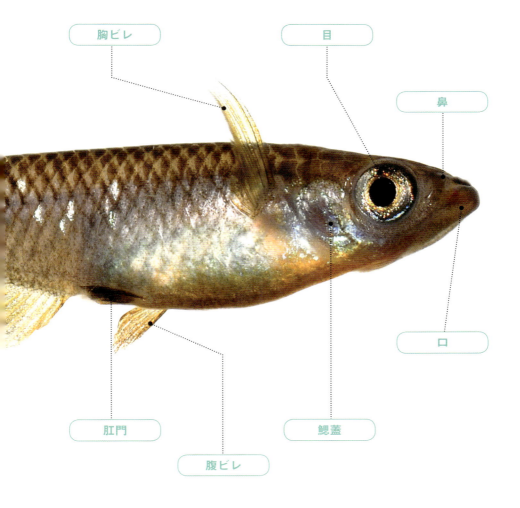

胸ビレ

目

鼻

肛門

腹ビレ

鰓蓋

口

改良品種の特徴的な体型

ヒカリメダカタイプ

体側の中心から上下に対称のような姿になるのが特徴。尾も菱形のような形となり、背ビレが腹ビレのような形となっている。

透明鱗メダカタイプ

鱗が透明になっているため、鰓のあたりが透けて内部の色がみえるため、まるで赤い頬をもつかのように見える。

目前メダカタイプ

目が顔の前方へ寄っているため、横から見る分にはあまりわからないが、正面を向いた時にユーモラスな顔つきとなっている。

出目メダカタイプ

金魚のデメキンほどではないが、目が横に張り出しているタイプ。最近ではさまざまな体色のメダカで出目タイプがいる。

ヒレ長タイプ

尾ビレを筆頭に各ヒレが通常よりも伸長し、優雅な雰囲気をもつ。さまざまな体色のメダカでヒレ長タイプが作られるようになっている。

改良メダカの特徴

　現在、改良メダカの世界ではさまざまな特徴を併せ持つメダカが次々と生み出されています。突然変異で変わった体色や体型を持つメダカが偶然生まれることはあるかもしれませんが、きちんと狙った形質をもったメダカを生まれるようにするには、地道な研究と選別・交配が必要になります。近年のメダカブームの原動力ともいえる、美しい改良品種の数々は、全国各地のメダカ・ブリーダーの方々の努力の結晶ともいえます。

種の多様性と放流

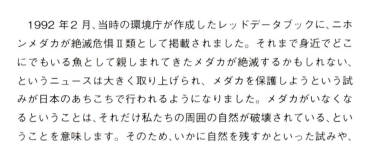

　1992年2月、当時の環境庁が作成したレッドデータブックに、ニホンメダカが絶滅危惧Ⅱ類として掲載されました。それまで身近でどこにでもいる魚として親しまれてきたメダカが絶滅するかもしれない、というニュースは大きく取り上げられ、メダカを保護しようという試みが日本のあちこちで行われるようになりました。メダカがいなくなるということは、それだけ私たちの周囲の自然が破壊されている、ということを意味します。そのため、いかに自然を残すかといった試みや、メダカなどが暮らせる環境を新たに作り出そうとする試みなど、さまざまな取り組みがなされるようになったのです。

　なかでも特に多かったのが、メダカを増やして川などに放流しよう、という試みです。学校やさまざまな団体がイベントやキャンペーンの一環として放流を行なったのです。しかし、今ではこのメダカの放流という行為自体が問題視されています。メダカの遺伝子の多様性を損なってしまう、という観点からです。

　一見同じ野生色のメダカに見えても、違う場所で育ってきたメダカではそれぞれ遺伝的な特徴が異なります。これが遺伝子の多様性です。ところが安易な放流により、これらの異なる遺伝子の特徴をもったメダカ同士が交雑してしまうと、それまでそのエリアのメダカの中で培われてきた遺伝情報が失われてしまうことになるわけです。自然を守ろうとした善意の行動が、かえってメダカの遺伝子を失わせてしまう、という悲しいことにつながってしまったのです。

メダカを迎える前に

これからメダカを飼ってみようと考えている方に、事前に用意しておくべきことや、気を付けたいことをまとめてみました。

メダカをどう飼うかを決めよう

飼育の仕方はいろいろ

メダカを飼う方法にはいろいろなパターンがあります。熱帯魚のように水槽で飼育することもできますし、ビオトープやスイレン鉢のようなもので飼育することもできます。また、新しい品種の作出を目指して、繁殖に取り組む、といった飼い方もあります。まずは自分がどういった飼い方をしたいのかを、決めることが大切です。それによって事前にしておく準備や用意しておく物が異なってきま

す。

　水槽で飼育するのであれば、水槽の飼育セットが必要になりますし、定期的な水換えや餌やりが必要になります。一方屋外であれば、容器のほかに、外敵からメダカを守る手だてが必要になります。そして繁殖を狙うのであれば、数多くのメダカを小分けにして飼育することになるので、そのための準備やスペースが必要です。どういった飼い方をしたいのか、悩んでしまう場合には、アクアリウムショップやメダカの専門店に相談してみてもよいと思います。きっと、良いアドバイスがもらえるはずです。

いきなり飼育は避けましょう

　一番よくないことは、「飼いたくなったから」といきなりメダカを買ってきてしまうこと。メダカをはじめ、魚を飼う場合には、事前に飼育環境を準備しておき、しっかり飼育水などの準備ができてから、生体を購入するのが鉄則です。その準備よりも先に生体を買ってしまっても、飼育環境ができていないため、せっかく買ってきたメダカを病気にしてしまったり、状況によってはメダカが死んでしまうこともあります。

　まずは、事前に飼育環境を整えてから、魚を手に入れる、という順番を守るようにしましょう。

飼う前に考えておきたいこと

できるだけ快適な環境を作ってあげよう

犬や猫と異なり、メダカは価格も手軽で簡単に飼育を始められる動物です。また、熱帯魚と比べても、水質や温度管理の面でも飼育自体はそれほど難しくない魚といえるかもしれません。とはいえ、飼育する以上は、できるだけメダカにとって快適な環境を作ってあげたいものです。なんといっても成長しても4cm程度の小さな魚なのですから、環境が悪くなれば、すぐに体調を崩してしまうことにつながります。

また、メダカ飼育の醍醐味である繁殖も、きちんと環境を整えてあげて、初めて見ることができるものです。メダカの体色も、状態が良い時と悪い時ではずいぶん異なります。体調良く飼育してあげれば、驚くほどきれいな体色を見せてくれるのが魚です。小さなメダカであっても、生き物に変わりはありません。日々のケアやメンテナンスをきちんとしてあ

げることで、できるだけ快適な環境を作ってあげましょう。

放流は絶対にNG

　メダカに限らず、ペットとして動物を飼うのであれば、きちんと終生飼育することが大前提です。ただ、どうしてもやむをえない事情などで飼いきれなくなった場合や繁殖させて数が殖えすぎてしまった場合なども、絶対に川や池などに放すことは厳禁です。もともと日本にいる魚なので、生きていくことはできるかもしれませんが、自然の中にいるメダカと交雑をしてしまう可能性があり、そのエ

リアにもともといる、自然界のメダカを駆逐することにつながってしまいます。見た目には同じような姿にみえるメダカであっても、自然界にいるメダカと、ショップなどで売られているメダカは遺伝的には異なる魚といえます。ですから、飼育できなくなった場合には引き取ってくれる方を探して譲ったり、ペットショップや専門店などに引き取ってもらえないか相談してみましょう。

どんな飼育方法を選ぶか

　メダカを飼うといっても、飼育の方法はいくつか選択肢があり、それぞれ日常的な世話の仕方なども異なってきます。

　例えば、庭の軒先やベランダなどにスイレン鉢などを置いて、その中でメダカを飼う場合は、雨が鉢に降りこむようにしておけば、水換えなどの手間はかなり少なくて済みます。とはいえ、室内で飼育するのとは異なり、メダカの様子を常にチェックできないので、猫や鳥などに襲われたり、雨で鉢の水があふれて流されたりして、気が付いたらメダカの数が減っている、といったことも起こります。また、鉢で飼育する場合には、基本的には魚を上から見ることしかできません。

　一方、屋内で飼育する場合には、水槽

やプラケース、小ぶりの鉢などを使って飼育することになります。この場合は、限られた水量の中で飼育するので、定期的な水換えをする必要があります。また、水量が少ないため、温度変化も激しくなりやすいので、注意が必要です。

そして、品種改良を狙って飼う場合。この場合には品種や系統別に分けて飼う必要があります。そして、何代も系統だてて繁殖させるので、たくさんの飼育水槽を設置する必要があります。メダカの場合、熱帯魚ほど大掛かりな飼育環境にする必要はないので、水槽の代わりに小型のプラケースなどを使って、たくさんの数の容器を設置するスペースを確保するといった方法もあります。

ただ、どういった形にしても、屋内で飼育する場合には、水換えをする必要があるので、飼育スペースを決める際に、水換えがしやすい場所にしておくことが大切です。また、地震などの際に、水がこぼれたりしても大丈夫な場所に水槽を設置するようにしておきましょう。

メダカを迎えよう

飼育方法を決め、飼育環境の準備ができたら、いよいよメダカを手に入れる時です。まず、一番簡単な方法は、熱帯魚なども取り扱っているペットショップや、アクアリウムショップなどで購入すること。以前は普通の黒メダカやヒメダカ、白メダカくらいしか扱っていないお店も多かったようですが、最近のメダカブームの影響もあり、いろいろな種類のメダカを扱うペットショップも増えています。メダカを扱っているショップを回って、魚の状態を比較しながら、できるだけ元気そうなメダカを選んで購入しましょう。

また、最近ではさまざまな改良品種を扱うメダカの専門店もあります。こうしたお店に足を運んで、自分好みのメダカを見つけるというのもよい方法です。最近では通販で購入することも可能ですが、飼育に慣れないうちはお店に実際に通って、スタッフの方に話を聞いたりして、

メダカの専門店の様子。さまざまな品種が売られていて見ているだけでも楽しい。

専門店のバックヤード。飼育や繁殖のスタイルは初心者には勉強になる。

魚の状態や良し悪しを見分けられるようになりましょう。

　改良品種の中には、繊細な品種もいます。どんな品種を選んだらよいか迷ったら、お店のスタッフの方にアドバイスをもらって選んでもよいでしょう。また、飼育についての疑問点なども購入時に聞いておくようにすれば、初めての飼育でも安心して始められます。

採集で手に入れる場合

　ショップで購入して手に入れる方法の
ほかに、小川や田んぼなどで泳いでいる
メダカを採集して手に入れることもでき
ます。

　採集してメダカを捕まえる場合、まず
重要になるのは採集する場所です。以前
はどこにでもいる魚だったメダカも、現
在は数を減らしています。まずは自分の
住んでいる地域の近くにメダカが生息し
ている場所があるか確認しましょう。田
んぼなどで捕まえる時には、その土地の
持ち主の方にきちんと許可をもらってか

ら採集します。田んぼのあぜ道などは絶
対に壊さないようにしましょう。また、
地域によっては採集が禁止されていると
ころもあるので、事前に採集してよい場
所かどうかきちんと調べてから採集する
ようにします。

　冬場の水温の低い時期はメダカの活性
も低く発見しづらいので、採集は温かく

意外に動きが速いので、捕まえる時は2本の網を使って、一方の網に追い込むようにして採集しましょう。

なってからのほうが無難です。

　メダカは流れの緩やかな浅瀬などを好むので、小川や用水路などの流れのよどんでいるような場所でメダカがいないか探してみましょう。メダカがいたら網を2本使うなどして、静かに掬い取ります。

　捕まえたメダカはビニール袋などでパッキングをして持ち帰ります。袋には空気をしっかり入れて持ち帰る間に酸欠にならないようにしましょう。また、採集する際は自分が飼う分だけ持ち帰るようにして乱獲をしないようにしてください。採集が禁止されていなくても、自然下に生きるメダカは数が減ってきています。むやみに採集することは避けて、必要な分だけ持ち帰ることが大切です。

小川や用水路などの浅くて流れが少ない場所が採集のポイント。

飼育前に準備しておきたいもの

飼育スペースや環境に応じて必要な物を揃えよう

　ここまで見てきたようにメダカの飼育にはいろいろな方法があります。飼育の方法や飼育スペースに合わせて、必要な用品を揃えておきましょう。屋内で水槽などを使って飼育する場合は、基本的には熱帯魚と同じような飼育セットを準備すれば問題はありません。熱帯魚と異なる点はメダカのほうが低水温に耐性があるということ。ただ、耐性があるといっても、冬場に気温が非常に下がるような地域の場合は、水量の少ない容器で飼育するのであれば気温の変化を受けやすいので、水温変化を緩やかにするためにも、ヒーターは使用したほうが安心です。また、インテリア性の高い小さな水槽などを使用する場合には、水質の劣化が大型の水槽よりも早くなるため、こまめな水換えが必要になります。

　また、繁殖を狙う場合には、稚魚を育てる環境のことも考えておかなければいけません。

　自分の飼育スタイルに合わせて、できるだけメダカが過ごしやすい環境を整えてあげたいものです。

〈用意しておきたい飼育用品の一例〉

小さめのアミ

ブリラントフィルター

外掛け式フィルター

水質調整剤

産卵箱

水換え用ポンプ

メラミンスポンジ

水温計

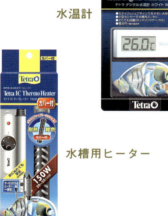

水槽用ヒーター

小型水槽セット

陶器製のメダカ鉢

ガラス製の
メダカ鉢

水槽の設置場所

　メダカを水槽で飼育する場合、その設置場所は最初によく考えて選ばなければいけません。水槽はあまり大きくない物でも、水を入れてしまうと、それなりの重さになるため、一度設置すると動かすのは大変なのです。

　設置する場所の条件としては、まず水換えを頻繁にすることになるので、水を汲んできたり捨てたりするのに便利な場所。そして、電源を使うことも多いので電源に近い場所、その上で、なるべく温度変化が少ない場所がよいとおもいます。また、水槽の重みに耐えて、水平な場所を選んで設置をします。水平な場所でないと、水の重みで水槽が割れてしまったり水漏れを起こす場合があるので十分注意しましょう。

　また、日光の当たる場所、例えば窓辺などでの設置は、温度変化の状態を見て決めてください。メダカにとって明かりがあることは大切なのですが、夏場などに急激に温度が上がってしまうようだと、体調に影響をしてしまいます。様々な条件がありますが、最初が肝心なのでしっかり選んで設置を行ってください。

Chapter 3

メダカの飼育環境作り

この章ではメダカを飼うための飼育環境について、その作り方も含めて見ていきましょう。

メダカの理想の環境

理想の環境を再現する

　メダカにとって、理想の環境とはどんな環境でしょう。まず、考えられる環境としては野生のメダカが棲んでいる環境です。つまり、あまり水の流れがなくて、水草など隠れることができる場所があって、プランクトンなど餌になるものが豊富な場所ということになります。

　ただ、自然の中と異なり、飼育する場合には、水の量の差はあっても、限られた水量とスペースの中で飼育することになります。そのため、飼育下で自然と完全に同じ環境を作ることはできません。「いかにメダカにとって、よりよい環境を作るか」を目指して環境作りをしていきましょう。

　メダカに限らず、水中に棲む動物であれば、一番大切なものは「水」になります。魚は水から呼吸に必要な酸素を取り込むため、水中に溶け込んでいる酸素が

野生のメダカの生息地はひとつの理想の環境。

少なければ呼吸しづらくなりますし、水中に有害物質があれば、魚の体調は悪くなります。とはいえ、困ったことに水は基本的に無色透明なので、水質の変化が目で見てわかるわけではありません。見た目にきれいな水でも汚れていることもあります。そのため、定期的に水換えをして、水を汚れていない（汚れが少ない）状態に戻してあげる必要があるのです。そして、水が汚れるペースは、飼育している容器の大きさによることになります。小さな器であれば、水が汚れるスピードは速くなりますし、大きな器であれば、水が汚れるペースは遅くなります。

　庭に置いてあるような、大きなスイレン鉢のようなもので飼育する場合は、そもそもの水量が多いため、水換えのペースは頻繁でなくても問題ありません。また、設置された場所が雨が降りこむような場所ところであれば、自然と水換えができてしまうことになります。

　水換えで気を付けたいことは、一度に大量に飼育水を換えないこと。比較的丈夫な魚とはいえ、非常に小さな体のメダカにとって、大量の水換えによる急激な水質変化はやはり負担が大きいので、少量ずつの水換えをこまめにすることで、ショックを軽減しましょう。また、使用する飼育水は曝気もしくは水質調整剤を使って、カルキを抜いてから使うようにしてください。

メダカの飼育環境を立ち上げよう

〈水槽編〉

1 今回はオーソドックスな小型の水槽を使用して、メダカの水槽を立ち上げます。

2 まず底砂を敷いていきます。今回は涼しげな白い砂を使用。水草を多く植える場合にはソイルを使用しても問題ありません。

3 フィルターをセット。フィルターは強い水流を作り出すものは避けたほうが無難。今回は外掛け式のフィルターを使います。

4 水槽内に溶岩石を組んで、メダカが隠れたりできる場所を作っていきます。水槽の上や横から方向を変えて確認しながらレイアウトを決めていきましょう。

5 石組みが完成したら、水を入れていきます。レイアウトを壊さないよう、一気に水を入れるのではなく、少しずつ、水槽内のコップに水を注いで溢れさせ、水を満たしていきます。

6 水槽上部まで水を入れたら水草を植えていきます。水草を植える時はピンセットを使うと、しっかり底砂の奥まで水草を差し込めるので便利です。

7 水草を植え終えたら、フィルターの電源を入れます。この状態でできれば数日から1週間程度はフィルターを回して、水を作ります。

8 飼育水は1日程度汲み置きして曝気した水を使うか、水質調整剤など使ってカルキを抜きましょう。

9 水ができたら、いよいよメダカを導入します。いきなり水槽に放すのではなく、まずは袋のまま水槽につけ、水温を合わせ、少しずつ水槽の中の水を袋に移して水合わせします。

10 しっかり時間をかけて水合わせができたら、ゆっくりと袋からメダカを出して、水槽内に放しましょう。

完成

1 今回はテーブルの上などでも楽しめる小ぶりな鉢を使用。鉢の大きさが変わっても、中に敷く底砂や水量が変わるだけで、基本的には同じ作り方になります。

2 鉢の底に底砂を敷いていきます。今回はソイルを使用。使うソイルは熱帯魚用のソイルを選びましょう。園芸用の土の場合、肥料の成分が魚に害を与えることもあります。

3 鉢に植えこむ水草を準備します。今回は赤い発色が美しいスイレンを使います。

4 ポッドで売られている水草は、ポッドから出したら、植える前に根を整えておきます。長く伸びすぎている根はハサミを使ってカットしておきましょう。

5 鉢の大きさや深さに合わせて植えやすくなるよう根をカットした状態のスイレン。

6 鉢にしっかりとスイレンを植えこみます。植えこむ水草の大きさや量を考えながらバランスをとってレイアウトしていきましょう。

7 バケツで鉢に入れる飼育水を作ります。小型の容器で飼育する場合、導入するメダカの水合わせも、バケツのほうで行えばレイアウトを崩すことなく作業ができます。

8 鉢に飼育水を注ぎます。一気に入れるのではなく、コップなどを使って、少しずつ水を移していきましょう。

9 水を灌いだら水草の位置などレイアウトをチェックしておきます。

10 浮草などの水草を追加して、レイアウトが完成。メダカを入れる時には水合わせをしっかりしてあげましょう。

完 成

メダカの水作り

　魚を飼育する上で一番大切なことがあります。それは、飼育する魚に合わせた水を用意してあげることです。これができなければ状態良く魚を飼育することができません。魚を飼育するということは、ある意味「水」を上手にキープするということなのです。

　メダカ飼育の上級者になってくると、繁殖や品種改良のためにグリーンウォーター（青水）と呼ばれる植物プランクトンを多く発生させた水を使用し、フィルターを使用しない飼育スタイルもありますが、初めはしっかりとフィルターをまわした水槽での飼育をお勧めします。その方が、あまり経験がなくても水質の維持が容易になります。

　熱帯魚のように、世界各地の様々な水質の場所から来た魚を飼育するには、水質を生息地の水に近づけてあげなければいけませんが、メダカは日本の魚ですから、基本的には汲み置きするか、またはしっかり塩素除去をした水道水であれば問題なく飼育できます。それをベースにして、各種水質調整剤なども使用してみても良いでしょう。また、メダカ用のソイルなども色々と販売されていますので、水質調整や水質の維持に役に立つはずです。素の水槽というのも味気ないものなので、底床は使用した方が良いでしょう。使用する際、ソイルは崩れやすいので扱いは丁寧に行ってください。また、マツモなどの水草を多く入れてあげると、水質の悪化を予防できて水質の安定に役立ちます。魚たちのシェルターにもなるので、落ち着いた飼育のできるより良い環境となります。

　上級者の方はさまざまなテクニックを持っていて、焼いた牡蠣殻などを溜め水に入れてカルシウムやビタミンの補給に使用するなどもあります。最初の水作りも大切ですが、できることなら水換え用の溜め水水槽を用意することもお勧めします。水換えによる水質の急変を極力避けるためには大切な事柄となります。その溜め水水槽に牡蠣殻などを使用して、魚たちに適した水作りができれば、安定した飼育水を供給できるようになるのです。

メダカの食事

どんな動物でも食事は生活の基本。そして、それはメダカ
も同じです。この章ではメダカの食事についてみていきた
いと思います。

メダカの餌を考える

田んぼや用水路などに生息している野生のメダカは、基本的に雑食性で、ミジンコなどの動物プランクトンやボウフラや小さな虫といったものから、藻類や植物プランクトンまでいろいろな物を食べています。

では、メダカを飼う場合にはどんなものを食べさせたらよいのでしょうか？自然の環境に近い、屋外でのスイレン鉢や池での飼育の場合は、飼育水の中に自然に発生した藻類や虫などを食べることができるので、時々餌を与える程度でよいのですが、屋内での飼育では餌を用意して定期的に食べさせる必要があります。

アクアリウムショップやメダカの専門店、ホームセンターなどでメダカ用の人工飼料を売っているので、まずはこうしたものを手に入れましょう。熱帯魚用のフードでも食べてくれるのであればよいのですが、メダカは口のサイズも小さいので粒が大きすぎて食べてくれないこともあります。また、メダカは水面近くを

泳ぐ魚ですので、沈むタイプの餌は不向きです。

　こうした人工飼料のほかにも、乾燥赤虫や冷凍赤虫などもメダカの餌として使うことができます。人工飼料をあまり食べてくれない場合などは試してみてください。

与え過ぎは厳禁

　メダカに餌をあげて、パクパク食べてくれると、思わず楽しくなってしまい、ついついたくさんあげてしまったり、食べる姿を見たくて毎日、1日何度も餌をあげてしまう、という方もいますが、これはNGです。餌を与えるペースは、1日に1回で十分です。もしくは少量を1日に2回くらいが良いでしょう。大量に与えても食べきれず、底のほうに沈んで

水を汚してしまいます。メダカの飼育環境にもよりますが、小さな飼育容器の場合、水質が悪化するスピードも速いので、食べ残した餌は網などで掬って残さないようにしてあげましょう。

⋯⋯⋯⋯⋯〈エサの一例〉⋯⋯⋯⋯⋯

フリーズドライの赤虫

冷凍赤虫

メダカの人工飼料

稚魚の餌について

小さい口でも
食べられる餌が必要

　そもそもの大きさが成魚でも4㎝弱程度の小さな魚であるメダカ。その稚魚となると、本当に小さなサイズになります。とはいえ、メダカを飼育していると、稚魚を育てることになる可能性はかなり高いのです。ということで、稚魚の餌についても考えておきましょう。

　普通のメダカ用の人工飼料や乾燥赤虫などを乳鉢などで細かくすりつぶして使うのもひとつの方法です。また、最近では稚魚用の粒の細かい人工飼料なども販

売されています。アクアリウムショップ
やメダカの専門店などで相談してみるの
もよいでしょう。

　ちなみに稚魚の時期は体の成長のため、
しっかりとした栄養を取らなければいけ
ません。そのために、栄養価の高いブラ
インシュリンプを与えるという方法もあ
ります。ブラインシュリンプは小さな甲
殻類で、孵化直後は栄養価が非常に高い
ので、稚魚の育成にはもってこいです。
アクアリウムショップなどで卵の状態で
売られています。この卵をペットボトル
などに水と一緒に入れて、エアレーショ
ンをかけて孵化させたものをスポイトな
どで吸い取って、稚魚のいる水槽に移し
てあげましょう。

　ただ、気を付けなければいけないのは、
孵化して時間の経ったブラインシュリン
プは栄養価が下がってしまうこと。でき
ればその日湧かした新鮮なブラインシュ
リンプを与えるようにしてください。

ブラインシュリンプ
の卵

水槽サイズとメダカの数

　メダカ飼育数は、使用する容器の大きさで変わってきます。小さい容器にたくさんの数のメダカを入れてしまえば、水中の酸素が足りず、ストレスもかかってメダカは弱ってしまいます。基本的にはメダカ1匹に対して、1ℓから1.5ℓ程度の水量は最低限ほしいところです。水量に余裕があるほどメダカにとっては快適な環境になります。小さな容器で飼育する場合には水質悪化や水中に溶け込んだ酸素の量が足りなくなってしまわないよう、こまめに水換えをしてしっかりメンテナンスしてあげましょう。特に夏場の高温の時期は水中の酸素が足りなくなってしまいがちです。水面で口をパクパクさせているようなら酸欠を疑ってください。

　また、メダカは意外と広い範囲を泳ぐ魚なので、横向きの広さがある容器のほうが適しています。泳ぐのは水面近くが多く、容器の深さはさほどなくても大丈夫なので、広めの容器を使って飼育してあげましょう。

水槽の水量と重さ

水槽サイズ	水量
30cmキューブ水槽（横30×奥行30×高さ30cm）	27L
45cm水槽（横45×奥行27×高さ30cm）	36.45L
45cmキューブ水槽（横45×奥行45×高さ45cm）	91.125L
60cm水槽（横60×奥行30×高さ36cm）	64.8L
90cm水槽（横90×奥行45×高さ45cm）	182.25L

※実際には水槽を満水状態で使うことはありませんが、重さとしては水槽自体の重さや中に入れた底砂、石、流木などの重さも加算されます。

Chapter 5

日常のお世話

ここまでメダカの飼育について、環境のつくり方や食事などを見てきましたが、こうしたことも含めて、トータルでの日々の飼育の管理についてみていきましょう。

基本的な日常の飼育管理

メダカ飼育の基本を押さえておこう

メダカは一般的に丈夫で飼育しやすい魚といわれています。確かに、もともとが日本の川や田んぼで泳いでいた魚ですから、季節による水温の変化には熱帯魚などと比べて耐性がありますし、水質の変化にもある程度は耐えられます。とはいえ、あくまでも小さな魚ですので、急激な水温や水質の変化は極力避けてあげる必要があります。

また、飼育環境にもよりますが、室内での飼育の場合などでは飼育水は定期的に交換してあげる必要があります。特に小さな飼育容器で飼育する場合には、水質悪化のスピードは速くなるので、水換えはこまめに行いましょう。小さな容器であれば、毎日コップ1杯程度の水換えを行うようにすれば、水質の維持もできて、水質の急激な変化も避けられます。

また、水温の変化には比較的強いと述べましたが、メダカの自然下での棲息地域は東北より南のいわゆる温帯の地域になります。ですから、冬場、水が凍結してしまうような環境の場合はやはりメダカにとっても辛い環境といえます。そういった地域で飼育する場合にはヒーターなどを使って水温が下がり過ぎないよう管理してあげることも大切になります。

〈日常管理の基本ポイント〉

① 水道水はそのまま使用しない

　飼育水に水道の水をそのまま使うのは危険です。水道水に含まれている塩素（カルキ）は丈夫なメダカにとっても有害なので、中和剤を使うか、バケツなどに数日汲み置きして曝気したものを使うようにしましょう。

② 水替えは少量ずつ

　一度に水槽内の水をすべて交換したりすることは避けましょう。一度に大量の水を交換すると、水質が急激に変わることになり、メダカにとても大きな負担がかかります。水替えは少量ずつこまめにするようにしてあげましょう。

③ 餌は食べきる程度の量で

　つい食べる姿を眺めたくなり、餌をたくさん与えてしまいがちですが、食べきれず残った餌は水中で腐り、水質悪化の原因になります。できるだけ食べきれる量だけ与えるようにし、残った餌は網などで掬い取るようにしましょう。餌は毎日与える必要はありません。

④ 酸欠には注意

　水槽や金魚鉢など、限られた水量の環境でメダカを飼育する場合、水中の酸素が足りなくなってメダカが酸欠になってしまう場合があります。特に水温が高くなる夏場は酸欠になりやすいので、水面でメダカが口をパクパクさせるようであればエアポンプなどを使ってエアレーションをかけて、酸素を補給してあげましょう。

掃除と水換え

　メダカを水槽やボトル、小型の鉢など
に入れて屋内で飼育する場合、定期的に
水換えをして水質管理をする必要があり
ます。魚の排せつ物や餌の食べ残しなど
さまざまな物が水を汚し、見た目にはき
れいでも、少しずつ水質は悪くなってい
きます。そのため、定期的に古い水を捨
てて、新しい水を足すことで、水質を維

持する必要があるわけです。
　ただ、ここで問題となるのは、一度に
大量の水を交換すると、水のpHが急激

に変化して、魚の体に悪影響を与えるということです。このショックを和らげるため、少量ずつこまめに水換えをする必要があるのですが、小さな容器の場合、もともとの容器内の水量が少ないので、少しの水換えのつもりでも、意外と大量の水換えになってしまうことがあります。

　小さな容器の場合は、例えば毎日、蒸発した分の水を補給するくらいの感覚で新しい水を足し、水質を維持しましょう。

　また、飼育をしていると、水槽や器にコケが発生します。コケ自体はメダカの健康には大きな影響を与えませんが、コケが増えると見た目にもあまりよくないので、定期的にメラミンスポンジやコケ取りのブラシなどを使って取り除きましょう。食べ残しの餌などのごみは水質を悪化させますので、見つけたらすぐに掬い取ってしまいましょう。

　ちなみにいつでも水換えができるよう、バケツなどで曝気した水を用意しておくと非常時にも使えて安心です。

水換え前に掃除をすればゴミも一緒に排出できます。

屋外飼育の水換えと掃除

　屋外に置かれた大型のスイレン鉢やFRP製の水槽などで飼育する場合には、雨が降りこむため、定期的に新たな水が入ることになり、屋内のようにこまめな水換えが必要にはなりません。とはいえ、ゴミがたまったり、水中にあまりにも藻が茂ってしまったような場合には掃除が必要になります。その際には容器内の古い水を全部捨ててしまわず、バケツなどにとっておき、新しい水と古い水を混ぜて使うようにすれば、水質変化によるショックを和らげることができます。

コケ取りにも便利なメラミンスポンジ。

季節ごとの飼育の注意点

　日本には四季があるため、季節ごとに気温はかなり変化します。屋外でメダカを飼っている場合は当然のこと、屋内で飼っている場合でも、状況によってはその影響を受けることになります。もともと日本に生息している魚なので、春や秋の気候であれば特に問題はありませんが、気温の変化激しい冬と夏は少し注意が必要です。

　屋外での飼育の場合には、ある程度水量があるので、水温の変化が多少緩やかになるため、小川などに生息する野生の

メダカと同じように冬場は活性が落ち、じっとして過ごし、春になり温かくなると元気に動き回ります。そして夏にかけて卵を産み、秋にかけて稚魚が成長していくという四季に沿った生活環のなかでメダカは暮らします。

　一方、屋内飼育の場合には屋外ほど気温の変化は基本的には大きくありません。とはいえ、冬場になると油断をすると急激に気温が下がることもあり、水量の少ない容器で飼育している場合、一気に水温も下がってしまうこともあります。急な温度変化を避けるためにも秋口からヒーターを使って水温を維持しておくと安心です。特に東北や北海道など冬場に冷え込みの厳しい地域ではヒーターを使ってあげましょう。

　夏場も意外にやっかいなことがあります。屋外であれば多少気温が上がっても

メダカは元気に泳いでいますが、屋内の場合、締め切って冷房のない部屋などでは屋外よりも水温が上がってしまうこともあります。そうなると飼育水の中の溶残酸素量が減って酸欠状態になってしまうこともあるのです。こうした事態を避けるためにも、水槽の設置場所を空調のある場所にしたり、水槽用の冷却ファンを設置するなどの工夫をして、暑さを乗り切れる環境にしてあげましょう。

稚魚の管理

生まれて1日目の稚魚

稚魚だけのスペースで育てよう

　メダカの飼育環境が整っていて、水温が上がってくると、水槽内でもメダカは卵を産んでくれます。そのまま、親メダカと同じ環境で育てるというのもひとつの選択肢ですが、親メダカに食べられてしまう危険性もあります。もし、同じ水槽で育てるのであれば、稚魚が隠れられるスペースを多めに用意してあげたいも

のです。また、餌のサイズも細かい稚魚用の餌も入れてあげるようにしましょう。
　稚魚だけの水槽にする場合には、成魚

の水槽よりも水質管理や水温などに気を
配ってあげましょう。体が小さいだけに、
温度や水質の変化には成魚以上に敏感で
す。

　また、餌についても稚魚用の餌やブラ
インシュリンプなどをこまめに食べさせ
てあげましょう。

稚魚を残したい場合は親魚と分ける方が良い。

······· ─── 〈日常の飼育管理表〉·········

コピーとするなどして、水槽の近くに置いて毎日の管理に役立てましょう。

水質チェック	＿＿＿＿（pH）
水換え	＿＿＿＿月＿＿＿＿日実施／次回＿＿＿＿月＿＿＿＿日　予定
餌	＿＿＿＿日おき
水温	＿＿＿＿℃
水槽の掃除	＿＿＿＿月＿＿＿＿日実施／次回＿＿＿＿月＿＿＿＿日　予定
備考	

Medaka Gallery

Chapter6

メダカを殖やそう

メダカの飼育に慣れてきたら、ぜひ繁殖にも挑戦してみましょう。メダカ飼育の一番の醍醐味ともいえる繁殖についてご紹介します。

メダカを殖やすには

　飼育下で繁殖をさせるということは、生物を飼育する上で飼育環境の正解に近づくということでもあります。しっかりと飼育できていなければ繁殖はできません。その意味でも、繁殖というのは、飼育魚を状態良く飼育ができてからのもう一段階上のステップと言えます。飼育のページで説明したように、普段の飼育や世話をきちんとしてあげて、メダカの繁殖を促す飼育環境を整えてあげましょう。

　まずは、こまめに餌を与えてあげましょう。産卵には体力と栄養が必要なのはいうまでもありませんが、メダカの仲間は毎日のように産卵します。このルーティーンを一度崩してしまうと、なかなか次の産卵に至らないことがあるからです。できれば体力があり、毎日のように産卵できる飼育を心がけてあげましょう。

　状態良く飼育できていれば、精力的に繁殖行動を行うはずです。ただし、産卵の瞬間を見ることは比較的難しく、気がつくとメスの尻に卵がついていることが殆どでしょう。なぜなら、大抵は明け方に産卵してしまうからです。水槽の照明

抱接するメダカの雌雄。この瞬間を見る機会は少ない。

水草についたメダカの卵。

を点灯するときには産卵が終わっている
ことが多いのです。

稚魚の飼育環境を
用意しよう

　そして、ひとつ考えなければいけない
ことがあります。それは、1本の水槽で
稚魚を育てようとしてしまうと、多くの
稚魚が残らないということです。なぜな
ら、卵や稚魚の最大の敵は産んだ親たち
なのです。卵や産まれたばかりの稚魚は、
餌として食べられてしまう。

　また、安定した環境で卵や稚魚を育て
てあげたいので、できるだけ育成水槽を
用意することをお勧めします。それほど
大きな水槽は必要ないので、本水槽の横
に設置してあげてください。また、どう
しても準備できない場合は産卵箱などを
使って保護してあげましょう。

改良品種を作るには

　現在、メダカの専門店などでは、さま
ざまな特徴を持つメダカの改良品種が売
られています。これももともとは普通の
メダカの中から、特徴をもった魚を選別
し、繁殖させることを繰り返していって、
特徴的な姿や体色をもったメダカを作り
出していったもの。つまり、きちんとメ
ダカを繁殖させることができるようにな
れば、自分だけのメダカを作出すること
も夢ではないということです。そのため
にも、どんな環境、どんな条件でメダカ
が繁殖するのか、しっかり見極めて良い
飼育環境を作れるようになりましょう。

スポイトで採卵しているところ。

産まれた産まれたばかりの稚魚たち。

メダカの繁殖に必要なポイント

メダカの繁殖に向けた環境づくりのポイントをまとめてみました。条件を整えて、繁殖にチャレンジしてみましょう。

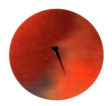

① オスとメスを水槽内に入れる

繁殖を狙うのであれば、まず元気なオスとメスが必要です。ショップなどでメダカを買ってくる時にオスばかり、メスばかりにならないよう選んで買っておくことが大切です。

② よい水で飼育する

メダカはさほど水質にうるさい魚ではありませんが、それでも状態の良い水の中でないと繁殖はしてくれません。またせっかく卵が産まれても、水が悪ければ卵が育たない場合もあります。少量ずつこまめな水換えをしてよい水質を維持しましょう。

③ 適度な温度

自然の中では春先、水温がある程度上がってきてからしかメダカは卵を産みません。冬場など水温が低い時期にはヒーターを使って水温を上げましょう。20～25℃程度の水温で飼育すれば繁殖行動をとりやすくなるはずです。

④ 程度な酸素

　繁殖を狙わないのであれば、エアレーション無しでもメダカの飼育は可能ですが、卵を育てることを考えると、エアポンプやフィルターを使って、水中に含まれる酸素を殖やしてあげましょう。

⑤ 適度な明かり

　メダカをうまく成長させるためには適度な明かりが必要です。水槽を日光の当たる場所に置くか、照明器具で1日12時間程度は光を当ててあげましょう。

⑥ しっかりとした栄養

　繁殖行動をとらせるにはメダカの栄養状態をよい状態にしなければなりません。人工飼料で問題ありませんが、こまめに与えて良い栄養状態を保つようにしましょう。専門店で売られているメダカの専用フードや赤虫などを与えてもよいでしょう。

繁殖の流れ

　メダカの繁殖行動は、早朝の時間帯に行われることが多く、実際に目にする機会は少ないと思いますが、オスがメスの前でヒレを大きく広げて求愛行動をとり始め、メスが受け入れると並んで泳ぎ、体を交差させるような行動をとります。この時、メスが産卵をして、オスは尻ビレでメスの体を押さえて放精します。こうしてできた受精卵がメスの尻あたりについた状態でいるのを見る機会は割とあると思います。この産卵したメスをそのままにしていると、水草や用意してあげ

た産卵グッズに卵を付着させるので、それをとって育成水槽に移します。最近ではメダカの産卵用グッズが数多く販売されています。水草をイミテートしたものや、スポンジ状の物を浮かせたタイプなど、飼育水槽に合わせて選んでみましょう。もちろん、水草を多く植えて自然に産卵させても良いです。ただし、水草を

メスのお尻についた受精卵。

多く植えていると卵を見落とす確率も上がります。また、親の数が多くなってしまうと難しいですが、朝にメスの腹部から直接採ってしまうのも一つの手です。朝水槽をチェックして、腹部に卵をつけているメスを網で掬います。そして、スポイトで水と一緒に卵を吸ってしまうと良いでしょう。卵用の水槽にはアナカリスやマツモを浮かせておき、そこにスポイトの水ごと入れて水草に卵を付着させるのです。卵は弾力性があるので、ちょっとのことでは潰れたりしないので安心してください。

　卵や稚魚の育成水槽は、フィルターを使用する場合は稚魚が吸い込まれないように吸水口にスポンジなどを使用しましょう。小さなスポンジフィルターなどがベストです。万が一途中で卵がカビて白くなってしまったら、カビている部分をスポイトなどで速やかにとってください。放置しておくと多くの卵にカビが回ってしまいます。新鮮な水が卵に行き渡るように、程よい流れを作ってあげましょう。

　孵化した稚魚の多くは水面に浮いているので、水流は少なくしてあげることも大切です。ただし、よどんでしまわないほうが良い結果が得られることが多いです。経験豊かな人は小さなケースや止水で育成出来ますが、それは的確な飼育数や水換えのタイミングをつかんでいるからなので、まずはしっかりフィルターを使用することが大切でしょう。

　稚魚の育成には稚魚用のエサが欠かせません。現在では多くの稚魚育成用の餌が販売されているので困ることはないはずです。できるだけこまめに与えて稚魚の成長を促進しますが、与えすぎてしまうと体型の崩れた魚になってしまうので、ちょうど良い餌の量と回数を掴むようにしましょう。

孵化直前の卵。

孵化して1時間ほどの稚魚。

系統維持と選別

メダカ飼育と繁殖の奥はとても深い。

　しっかりと環境を整えて稚魚を育成していれば、元気に育ってくれるはずです。しかし、それだけで終わりではないのです。生まれた稚魚達をすべて大切に飼育してあげるのも、ひとつの飼育スタイルで楽しいものですが、せっかくなら美しい品種を維持したり、そこから掛け合わせなどをして自分好みの品種づくりに挑戦していくのが上級者への道ともいえます。そこで必要になってくるのが系統維持と選別なのです。

　メダカ飼育で最も難しいのが系統維持と言えます。簡単に説明すると、生まれた稚魚を無雑作に飼育していると、どんどん品種として維持ができなくなり、別のもののようになってしまうのです。特に、手を掛けて作出された美しい品種で

あればあるほど変化ははやく、小柄で地味な魚になってしまう傾向があります。そのため、ある程度育った稚魚の中から、その品種の特徴がよく出た個体だけを選別して飼育していくのです。こうなってくるとまた水槽が必要になってしまいます。こうして多くの水槽を使ったマニアックな飼育が始まるのです。

　稚魚の選別はかなり経験が必要で、写真や言葉ではうまく説明ができないものです。メダカに強い販売店の方や、経験豊富な飼育者の話を聞いて少しづつ経験

野生のメダカと改良品種のメダカはまったく別物と考えましょう。

を積むしかありません。まずは、自分が
その品種で一番気に入っているポイント
を探し、その特徴が一番表れている稚魚
を選別してみましょう。

「自然に帰す」は無責任

　最後に絶対に守って欲しいことがあり
ます。それは、選別漏れした魚を絶対に

自然界に逃さないことです。「かわいそ
うだから」という安易な考えがもっとも
悪なのです。原種のメダカは各生息地に
よってタイプがあります。その地域で独
自に進化しているのです。そのため、生
息地のことを考えない安易な原種メダカ
の放流もしてはいけないということが、
声高に言われるようになってきました。
まして、改良品種を逃してしまったら、
その地域のメダカが壊滅的な状況になる
のは想像できるはずです。これだけは絶
対に守って、生物を飼育するという責任
を持って行動していただきたいのです。
これが徹底されないと、観賞魚としての
メダカはどんどん衰退してしまいます。
自分たちの首を絞める結果になってしま
うのです。ですから、選別して外れた稚
魚もきちんと飼育水槽を用意して最後ま
で面倒を見るということが絶対守らなけ
れならないルールなのです。

メダカの孵化と温度

　メダカの卵が孵化するまでの時間は水温と密接な関係があります。基本的には水温が高ければ孵化までの期間が短くなり、水温が低いと長くなるのですが、昔からよく目安として、250℃ということがいわれています。これはメダカの卵が孵化するまでの毎日の水温を足していって、その値が250になったら孵化が始まる、というもの。例えば水温を25℃に固定していれば、10日間で250℃になるので、孵化まで10日というわけです。もちろん、孵化に関係するのは温度だけではないので、あくまでも目安ですが、昔より伝わるこうした知識は、なかなか興味深いものです。これも昔から観賞魚として親しまれてきたメダカだからこその情報なのです。

　ちなみに余談ですが、孵化したてのメダカのおなかの部分についているものはヨークサックなどと呼ばれる、栄養分の詰まった袋で、孵化後数日間はこの養分を使用して、水の底のほうでじっとしています。このヨークサックが消えるといよいよ稚魚が泳ぎ始めます。

Chapter 7

改良メダカカタログ

ここでは、日々進化する改良メダカの姿を集めてみました。
購入時や繁殖させる際の参考にどうぞ。

楊貴妃

非常に赤味の強い朱色の体色を持つメダカ。近年のメダカブームの牽引役ともいえる品種。

背ビレなし
楊貴妃

背ビレをもたないタイプのメダカ。体色は鮮やかな楊貴妃タイプの発色を見せている。

楊貴妃
アルビノダルマ

楊貴妃のアルビノタイプの体色を持ち、ダルマタイプの体型を持たせたメダカ。

楊貴妃ダルマ

通常個体より少し体長
の短い半ダルマタイプ
の体型を持つ、楊貴妃
メダカ。

楊貴妃パンダ

目の周りに黒い色素が
発現したタイプ。体色
は楊貴妃タイプの朱色
のメダカ。

**楊貴妃
パンダヒカリ**

ヒカリメダカ系の体型
で楊貴妃の体色をもつ
パンダタイプのメダカ。

楊貴妃ヒカリ

全身に鮮やかな朱色が
入る、楊貴妃のヒカリ
メダカタイプ。

**楊貴妃
ヒカリ出目**

朱色の体色にヒカリメ
ダカの特徴を併せ持つ
メダカの出目タイプ。

楊貴妃出目

鮮やかな朱色の体色を
纏った、楊貴妃の出目
タイプ。ちょっとユー
モラスな雰囲気。

楊貴妃透明鱗

楊貴妃特有の鮮やかな
朱色の体色に、透き通
った透明鱗を併せ持つ
メダカ。

楊貴妃
透明鱗ヒカリ

楊貴妃の透明鱗タイプ
にヒカリメダカタイプ
の体型をもたせたメダ
カ。

白メダカ

黒色素胞をもたず、黄
色素胞が発達していな
い、白い体色を持つメ
ダカ。ヒメダカ同様昔
から知られる突然変異
種が固定化されたもの。

白ヒカリ

白メダカのヒカリタイプ。ラメのような発色を見せる鱗が特徴的。

白ヒカリダルマ

ダルマ体型ではあるが、背ビレや尾ビレの形状はヒカリメダカなのが確認できる。

白もみじ

尾ビレが二つに分かれた背ビレと尾ビレをもつタイプで、体色は白メダカ。

幹之　体内光

体色が半透明で、内部から光って見えるタイプのメダカ。幹之の特徴である光沢の強い鱗も併せ持つタイプ。

幹之

背中に独特な色合いの光沢のある鱗をもつメダカ。光る鱗の覆う範囲や光具合によりグレードが分けられている。

幹之スーパー

幹之メダカの特徴的な青白い鱗が目の後ろあたりから背中全体を覆ったタイプ。

幹之
スーパーヒカリ
ダルマ

幹之メダカの特徴である青白い鱗が背中だけでなく全身を覆ったタイプ。体型はダルマタイプとなっている。

幹之ヒカリ

幹之メダカの特徴である、青白い光沢のある鱗が背ビレの付け根まで入った個体。尾ビレと背ビレはヒカリメダカの特徴を示す。

幹之出目

幹之メダカは上から見ても楽しめるメダカだが、そこに出目の魅力もプラスされたタイプ。

ヒレ長幹之
天女の舞い

グッピーのようにヒレ
が長く伸長するタイプ。
幹之メダカ特有の鱗の
輝きが美しい。

ヒレ長
楊貴妃透明鱗

体色は楊貴妃の透明鱗
タイプだが、ヒレが長
く伸長し優雅な雰囲気
を醸し出す。

ラメ幹之

幹之メダカ特有の青白
い光沢のある鱗がラメ
状に体全体に広がった
タイプのメダカ。

ラメ幹之
ピンクラメ

ラメ幹之タイプで淡い
ピンクの発色を見せる
タイプ。背中に強い光
沢が見られるので、上
見からでも楽しめる。

ラメ強

ラメ幹之タイプで、さ
らにラメ状の広がりが
強くなっているタイプ
のメダカ。

黄メダカ

ヒメダカよりも、より
はっきりとした濃い黄
色の体色を持つタイプ。

黄金ダルマ

濃いゴールドの発色を
もつ黄金メダカのダル
マタイプ。可愛らしい
泳ぎで人気。

黄金ヒカリ

メタリックなイエロー
の体色を持つメダカの
ヒカリタイプ。

青メダカ

黄色色素胞が少ないた
め、青っぽい体色を持
つ。最近ではかなり青
味の強い個体も見られ
るようになった。

青ダルマ

淡いブルーの発色を見
せる青メダカでダルマ
タイプの体型をもつメ
ダカ。

青目前

美しい淡い青の発色を
見せる青メダカの目前
タイプ。ユーモラスな
顔つきも楽しめる。

茶メダカ

選別交配の中でヒメダ
カが先祖返りをして黒
色素胞を発現したため
に、茶色い体色を持つ
メダカ。

茶ダルマ

茶メダカのダルマタイプ。ちょっとユーモラスな泳ぐ姿で人気が高い。

茶目前

茶メダカの体色を持つ目前タイプのメダカ。前を向いた時のインパクトがかなり強い。

透明鱗メダカ

メダカが持つ4個の色素胞が少ないか、欠如しているため、透き通った体色を持つ。鰓蓋も透けるため、赤い頬を持つように見える。

透明鱗ヒカリ

透明鱗メダカのヒカリ
メダカタイプ。写真は
体の後半部に赤と黒の
発色がみられる個体。

アルビノメダカ

色素細胞は持つが、メ
ラニン産生のできない
突然変異体のメダカ。
赤い目が特徴。体色は
持っている色素胞によ
りさまざま。

アルビノ幹之

幹之メダカの特徴であ
る、光沢のある鱗をも
ったアルビノメダカ。
赤い目が強いインパク
トを見せる。

アルビノ
幹之ダルマ

青白い光沢のある鱗が
背にある幹之メダカの
特徴をそのままに、ア
ルビノでダルマ体型に
仕上げたタイプ。

アルビノ目前

アルビノタイプの目前
メダカ。目前の特徴で
ある顔の表情も、アル
ビノになると印象がか
なり変わる。

シースルーメダカ

スケルトンメダカとも
呼ばれ、色素を持たな
いために内臓まで透け
て見えるメダカ。

シルバーヒカリ

ブルーとホワイトの中間的な色でメタリックな光沢があり、ヒレに黄色が入るタイプのメダカ。

パンダ
ヒカリダルマ

腹の部分と目の周りの黒い発色が特徴的なパンダのヒカリメダカで作られたダルマタイプ。

パンダ幹之

幹之メダカは背中の部分に青白く強い光沢のある鱗が入るのが特徴。このメダカはそのパンダタイプ。

ピュアブラック

全身の鱗に漆黒の発色をさせたタイプ。一瞬メダカとは思えないほどの精悍なイメージを持つ魚。

ピュアブラック黄金ヒカリ

漆黒の体色に黄金の光沢が入る美しい魚。黒目部分も小さなスモールアイなので、かなりシャープなイメージ。

錦透明鱗

体色に斑が入るタイプで、透明鱗をもつメダカ。まるで錦鯉のような艶やかさをもつ。

錦スモールアイ
ダルマ

オレンジの斑と黒の斑
が独特の風合いをみせ
る体色とスモールアイ、
そしてダルマ体型を併
せ持つタイプ。

紅白

錦鯉の紅白のように、
頭頂部にだけ朱色の発
色がみられるタイプの
メダカ。上見で楽しみ
たい。

黒蜂

黒い発色を見せるスケ
ルトンタイプのメダカ。
保護色機能を持たない
ので、どんな器でも黒
い発色を見せる。

三色

まるで錦鯉のような美しい三色の発色を見せるメダカ。色の入り方や発色などを楽しむことができる。

三色ヒカリ

三色の体色にヒカリメダカの体型を持たせたタイプ。

朱赤透明鱗錦

透明鱗錦タイプのメダカに鮮やかな朱の発色を持たせたメダカ。

朱赤透明鱗錦
スモールアイ更紗

鮮やかな朱色の斑が透
明鱗の上に乗るタイプ。
そこにスモールアイの
特徴をもたせたもの。

出目メダカ

ヒメダカ系の体色の出
目タイプ。体型はノー
マルなメダカだが顔つ
きだけでかなり印象が
異なる。

目前メダカ

ノーマルな体色、体型
のヒメダカの目前タイ
プ。横から見ていると
一見普通に見えるだけ
に、正面を向かれた時
のギャップが楽しい。

小川ブラック

スーパーブラックメダ
カの黒さを突き詰めて
系統繁殖されたメダカ。

新体形琥珀

ダルマ系で、しかも尾
ビレはヒカリメダカの
特徴である菱形であり
ながら、背びれの形は
通常のものをもつタイ
プ。

背ビレなし幹之
流星

幹之メダカの特徴であ
る背中の光るラインが、
背ビレを無くすことで
尾のほうまでつながっ
たタイプ。

白透明鱗出目
目前ダルマ

全身を透明鱗で覆われ
たタイプのボディで、
目前、そして出目、ダ
ルマ体型を併せ持つタ
イプ。

野津系黄錦ヒカリ

黄色系の体色に茶系の
斑が渋めの味わいを見
せる野津系黄錦と呼ば
れるメダカのヒカリタ
イプ。

琥珀メダカ

濃いオレンジがかった琥珀色の体色を持
つタイプ。尾ビレは鮮やかなオレンジの
発色で縁取られる。

琥珀ヒカリ

琥珀メダカのヒカリタイプ。琥珀メダカ
の特徴である、オレンジ系の縁取りが尾
ヒレにしっかり入る。

Chapter 8

メダカの健康管理

この章ではメダカの健康管理と病気についてみていきたいと思います。メダカは比較的丈夫な魚ですが、体が小さいだけに病気にかかると命取りになることも。しっかり管理してあげましょう。

病気のサイン

日々のチェックを
大切に

　メダカも生き物である以上、病気になることはあります。もちろん、病気にかからないよう日々の食事だったり、水質管理をしてあげることが大前提ですが、きちんと管理していても病気になってしまうことはありえます。問題は、その病気に対して、どう対処をするかです。

　人間の病気と同じように魚の場合もいかに病気の兆候を早く発見できるかで、

その後の治療の難度が変わってきます。ですからできるだけちょっとした変化にも気が付いてあげられるよう、日々の観察が大切なのです。

　下の表は魚の状態をチェックするポイントです。表にあるような変化が表れていないか、日に一度はチェックするようにしましょう。特に夏場の高水温の時期や冬場の急激に水温が変化する時期などに体調を崩したりすることが多いので、普段以上に気を付けてみてあげましょう。

　また、ここで挙げたチェックポイント以外でも、なんとなく様子が変だな、と思ったら要注意です。普段から魚の様子を一番見ているのは飼い主さんです。その飼い主さんから見て、何かいつもと違うと感じるということは、何かしらの異変が起きている可能性は高いのです。変化を感じたら、食欲の変化や泳ぎ方などに異常がないかなど、普段以上に注意深く観察するようにして、病気の早期発見を心掛けてあげてください。

⟨メダカの健康チェックポイント⟩

チェックする部位	チェックポイント
目	白く濁ったり充血していないか？
口	パクパクしていないか、口の周りが白っぽくなっていないか？
鰓	鰓の動きが普段より速くないか？
ヒレ	ヒレが切れたり、溶けたりしていないか？
体表	白い綿のようなものがついていないか？　出血していないか？

起こりやすい病気

　病気のほとんどは、飼育環境の悪化や急激な温度変化によって起こってしまいます。病気は発病してしまうと完治させるのが難しかったり、かなりの時間と労力を使うので、病気を出さない日常管理が大切なのです。もっとも大切なことは、急激な環境の変化をさせないことです。メダカはそれほど弱い魚ではないので、急激でなければある程度の適応能力があります。人間も同じですが、季節の変わり目などは特に注意してください。また、雑に網で　掬ったり、計画性のない水槽移動などは行わないようにしましょう。

························· 〈メダカによく見られる病気〉·························

白点病

　水温や水質が急変した時、特に低水温の時に見られる病気です。体に白い小さな白点が付着し、症状が悪化すると体全体が白点で覆われてしまいます。このことから白点病と呼ばれ、この病原体は高水温に弱いので、ヒーターを外した春から初夏に発病しやすくなってしまいます。メダカは熱帯魚とは違って低水温に弱くないのですが、水温の急変には対応できません。そのため、環境の急変には十分注意しましょう。対応としては、ヒーターを使用して水温を28～30℃に上げ、塩を入れて薬浴して治療します。

水カビ病（綿かぶり病）

　名前のとおり、ちょっとした傷に病原体が寄生し、綿をかぶったようになってしまう病気です。他の魚にいじめられている魚がいたり、網で掬った時に暴れて傷ついてしまったりしたら、予防として少量の薬品を投与したほうがよいかもしれません。魚を扱うときはくれぐれも慎重に使いましょう。初期症状のときに塩やグリーンFなどを使用して薬浴すると完治できます。

尾腐れ病（ヒレ腐れ病）

　低水温の時や移動などによって擦れた場合、または他の魚に咬まれた時などに傷口から発病する病気です。ヒレが少し欠けたぐらいと侮ってはいけません。ヒレや唇が白くなり、症状が悪化するとヒレがすべて溶け、体にまで進行してしまいます。こうなると手のほどこしようがないので、治療法は初期状態のときに塩やフラン剤系の薬を使用して薬浴します。やはり、初期段階の治療が大切なので、日々の観察や体調管理を行いましょう。

病気にさせない環境作り

急な変化を回避する

メダカが病気になってしまうと、せっかくの楽しい飼育が辛いものになってしまいます。しかし、それほど恐れることはありません。人間やほかの動物と同じように、

安定した環境下であれば、ほとんど病気にはなりません。つまり、まずは病気の治療よりも、病気にさせない環境づくりを徹底することが大切なのです。

病気になる最大の原因は環境の急変です。急激な水質悪化や水温変化には十分

気をつけましょう。基本的には26℃前後の水温で安定させたいところです。水温が安定しない場合はヒーターを使用することをお勧めします。現在ヒーターはコンパクトになり安価で購入できます。電気代もそれほどかからないので、常に使用しているほうが安心です。また、繁殖の際も26℃で安定していれば、稚魚

の雌雄のばらつきが少ないといったメリットもあります。

　水質悪化の原因の多くは、フィルターの機能低下です。フィルターの機能低下には要因がいくつかあり、それらを改善してフィルターの機能を最大限に引き出しましょう。最も多い機能低下は濾過材の目詰まりです。濾過材は目詰まりする前に定期的に汚れを落とします。ただし、洗い過ぎるとせっかく増殖したバクテリアを捨ててしまうことになるので、こまめに流す程度にしましょう。また、水換えとは同時に行わないことがコツです。

　次にフィルター性能をオーバーした魚の飼育数や、糞や残餌が出てしまうことです。フィルターや水量にあった飼育数での飼育が重要です。底床の目詰まりにも気をつけましょう。長い期間底床をそのままにしておくと、かなり汚れがたま

ってくるので、たまに泥抜きという作業が必要になってきます。

　そして、最後に最も気をつけたいことがあります。それは、新しい魚を導入する時です。病原菌を水槽に入れてしまうこともありますし、新しい魚が環境の変化で発病してしまう可能性があるのです。そのため、新しい魚を入れる前にトリートメントタンクと呼ばれる、状態を回復させる水槽を用意することがベストです。その水槽で自宅の環境に対応してから導入するようにしましょう。

Medaka Gallery

Chapter9

メダカ飼育のＱ＆Ａ

この章ではメダカ飼育に関することでよく質問の寄せられるものをＱ&Ａ形式でまとめてみました。

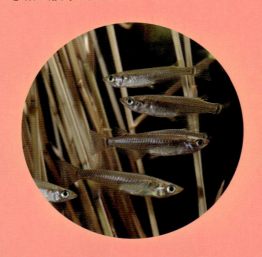

メダカ飼育のQ＆A

Q1 メダカはほかの魚と一緒に飼えますか？

A メダカ自体は気の荒い魚でもなく、丈夫な魚なので、その点では混泳可能な魚といえるかもしれませんが、問題はメダカの大きさ。小型の魚なので、大きな魚と混泳させると食べられてしまう恐れがあります。ですから、同じような大きさで、肉食ではない魚となら、という条件が付いてしまいます。また、金魚のように肉食ではないけれども、メダカより大きくなる魚の場合はメダカと泳ぐスピードも異なるため、ストレスを感じてしまう場合もあります。

　また、熱帯魚と合わせて飼育する場合、基本的には飼育水の温度が熱帯魚のほうが高めになりますが、一応、30℃以上でもメダカは耐えることはできます。ただ、基本的には本来の飼育環境の異なる魚を混泳させるのは避けたほうが無難だとは思います。

Q2 フィルターは外でスイレン鉢を使って
飼育するときも必要ですか？

A 屋外で大きめの鉢などでメダカ飼育をする場合、基本的にはフィルターは必要ありません。容器内でメダカの出した排せつ物などを分解する生物濾過のサイクルができているため、特にフィルターを付けなくても、水質を維持しやすいということと、雨が鉢に降りこむことで適度に水換えを行っているのと同じような状態になるからです。とはいえ、雨がずっと降らず、水の状態が悪くなっている場合には、古い水を一部捨てて、新しい水を加えて水質を立て直してあげる必要が出てくることもあります。

Q3 カダヤシとの見分け方を教えてください

 A 水槽の中で横から見ると、メダカとカダヤシではヒレの形や大きさなどで明らかに違いがあるので、わかりやすいのですが、小川や田んぼなどで泳いでいる魚を見て、メダカかカダヤシかを見分けるのは、慣れないと難しいかもしれません。見分けるポイントとしては、メダカは上から見ると背中に黒っぽい線が1本縦に入っているように見えます。

Q4 メダカが殖え過ぎて
飼いきれなくなった時はどうすれば……。

A まず、絶対にしてはいけないこととして、川や田んぼなどに放すこと。これは野生のメダカと交雑して、その地域の野生メダカの遺伝子を失わせてしまう可能性があるため、絶対にやってはいけないことです。新しい品種を目指して繁殖を繰り返すと、どうしてもたくさんのメダカを飼育することになりますが、別に水槽を設置して、最後まで飼育することが生き物を飼う上で責任となります。とはいえ、どうしても飼育スペースがないような場合には、周囲の人で飼ってくれる人を探したりして、引き取ってくれるところを探してみましょう。

Q5 殺虫剤を近くで使うのはNGって本当ですか？

A 屋外で飼育している場合など、夏場にメダカの様子を見ようとすると、蚊にたくさん刺される、といった状況になることもあるかもしれません。その場合、殺虫剤や蚊取り線香などを使いたくなりますが、殺虫成分の中にはメダカに悪影響を与えるものもあります。ですから、メダカの飼育スペースの近くで殺虫剤を使わないようにしたほうが無難です。

Q6 お店で健康なメダカを選ぶポイントは？

A メダカを買う場合にはできるだけ健康な魚を選びたいですよね。健康なメダカを選ぶのは、慣れてくればさほど難しくありません。一緒に泳いでいる魚と比べて、痩せすぎている個体はまず避けましょう。泳ぎが弱々しい個体も避けておいたほうが無難です。そしていわゆる病気の症状が出ているような個体、例えばヒレや溶けていたり、どこか出血をしているような個体などは避けるようにしましょう。

Q7 メダカの寿命はどのくらいですか？

A 野生のメダカについては、2，3年程度は生きる場合もあると言われていますが、飼育下で、きちんと整った環境であればもっと長くなる場合もあります。寿命については個体差もあるので、具体的にこの数字と言い切るのは難しいのですが、大事に飼育すると意外と長生きしてくれる魚です。毎日のケアと観察を欠かさないようにして、良い環境で育ててあげましょう。

Q8 コケだらけの水槽はメダカによくないのでしょうか？

 A コケはいわゆる藻類なので、それ自体がメダカの健康を害する、というようなことはありません。屋外の鉢などで飼育する場合は、グリーンウォーターいわゆる青水と呼ばれるような、緑色の水になってしまうこともありますが、メダカは植物プランクトンを食べることのできる魚ですので、問題はないのです。ただ、観察はしにくくなりますので、あまりにコケが多くなる場合には、掃除をしてあげたほうがよいのですが、あまり神経質になる必要はありません。

Q9 メダカの水槽には底砂や水草は必要？

A 底砂については、見た目という以外にも水質を安定させたり、ごみをキャッチしたり、水草の育成を助けたり、といった役目もあります。また、水槽の下に何も敷いていないと、魚の姿が底に映るため、魚がストレスを感じる場合もあるようです。ですから、できるだけ底砂は何かしら敷いてあげたほうが良いと思います。

　また、水草はメダカが姿を隠したり、卵を産み付けたりするスペースになるので、こちらもできるだけ入れてあげたほうが良いと思います。

Q10 田んぼにいる生物と一緒に飼えますか？

A 野生下でメダカと同じ環境で生息している生物については、飼育自体は可能ではあります。ただし、自然の中で同じエリアで生息しているということは、捕食動物と被捕食動物の関係にあることが多くなります。例えば、カエルやザリガニなどにとってはメダカはおいしいご飯です。こうした動物と一緒の飼育水槽に入れると、いつの間にかメダカがいなくなっているというような状況になってしまいます。

Q11 スイレン鉢で飼っているメダカが
少しずつ減っているのはなぜ？

A 考えられることはいくつかあります。まず考えられるのはカラスや猫などがメダカを食べてしまった、というパターン。また、大雨などが降っていた場合、器から水が溢れて、その水と一緒に外に流れ出してしまったというパターン。そのほか、水質悪化や病気が発生して、魚が少しずつ減っている場合も考えられます。いずれにせよ、何かしらのトラブルが発生しているのは間違いがないので、原因を早く確定して、対策をすることをお勧めします。

Q12 小型のプラケースなどでもメダカを飼育できますか？

A 基本的にはどんなケースでも水が入る容器であれば飼育は可能です。ただ、入れられる水の量が少なくなればなるほど、飼育水の管理は大変になります。また、外気の温度の影響も受けやすくなるので、よりきちんとした管理をこまめにする必要があります。

◆協力

花小屋、専門学校ちば愛犬動物フラワー学園、メダカの館、東山動物園 世界のメダカ館、スペクトラムブランズジャパン、GEX、ピクタ、CAKUMI、高井誠、藤川清（アイテム）、戸津健治（アイテム）、間崎広光（D.N.A）

著者プロフィール
佐々木浩之（ささきひろゆき）
1973年生まれ。水辺の生物を中心に撮影を行う
フリーの写真家。幼少より水辺の生物に興味をも
ち、10歳で熱帯魚の飼育を始める。フィールド
での苔の撮影や、淡水の水中撮影をライフワーク
にしている。中でも観賞魚を実際に飼育し、状態
良く仕上げた動きのある写真に定評がある。東南
アジアなどの現地で実際に採集、撮影を行い、そ
れら実践に基づいた飼育情報や生態写真を雑誌等
で発表している。他にもフィッシング雑誌などで
ブラックバスなどの水中写真も発表している。
主な著書に、苔ボトル(電波社)、熱帯魚・水草 楽
しみ方BOOK（成美堂出版）、トロピカルフィッ
シュ・コレクション6南米小型シクリッド（ピー
シーズ）、ザリガニ飼育ノート、メダカ飼育ノート、
金魚飼育ノート、ツノガエル飼いのきほん、ヒョ
ウモン飼いのきほん（誠文堂新光社）などがある。

デザイン … 宇都宮三鈴
イラスト … ヨギトモコ
DTP … メルシング

飼育の仕方、環境、殖やし方、病気のことがすぐわかる！
アクアリウム☆飼い方上手になれる！　メダカ　　　　　NDC 666

2018年3月15日　発　行

著　者　佐々木浩之
発行者　小川雄一
発行所　株式会社誠文堂新光社
　　　　〒113-0033　東京都文京区本郷3-3-11
　　　　（編集）電話03-5800-5751
　　　　（販売）電話03-5800-5780
　　　　http://www.seibundo-shinkosha.net/

印刷所　株式会社 大熊整美堂
製本所　和光堂 株式会社